建筑业一线操作工技能培训系列用书

图说抹灰工

主　编　郭宝元
副主编　刘卫红　曹海成　张建华

中国建筑工业出版社

图书在版编目（CIP）数据

图说抹灰工/郭宝元主编．—北京：中国建筑工业出版社，2011.6

建筑业一线操作工技能培训系列用书

ISBN 978-7-112-13210-2

Ⅰ.①图… Ⅱ.①郭… Ⅲ.①抹灰-图解 Ⅳ.①TU754.2-64

中国版本图书馆 CIP 数据核字（2011）第 085429 号

建筑业一线操作工技能培训系列用书

图说抹灰工

主　编　郭宝元

副主编　刘卫红　曹海成　张建华

*

中国建筑工业出版社出版、发行（北京西郊百万庄）

各地新华书店、建筑书店经销

北京红光制版公司制版

北京市密东印刷有限公司印刷

*

开本：787×1092 毫米　1/32　印张：2¼　字数：50 千字

2011 年 8 月第一版　2011 年 8 月第一次印刷

定价：**9.00** 元

ISBN 978-7-112-13210-2

（20634）

本书按照易读、乐读、实用、精炼的原则，以图文并茂的形式阐述了建筑工程抹灰工所需掌握的基本知识，包括：民用建筑构造与识图、常用抹灰材料、常用机具、抹灰砂浆、抹灰工程以及安全施工等内容。

本书主要供刚进入和将要进入建设行业的一线建筑操作工人使用，也可作为中高职院校技能培训用书。

*　*　*

责任编辑：王　磊　田启铭　马　红
责任设计：董建平
责任校对：陈晶晶　姜小莲

#【总 序】

近年来，党中央、国务院对解决“三农问题”和建设社会主义新农村、构建社会主义和谐社会做出了一系列重要决策和部署。到目前为止，全国大约有两亿农民工外出打工。农民工问题正越来越突出，将是解决“三农”问题的核心。党和政府在中西部欠发达地区全面开展农村劳动力转移就业培训工作。建筑业是解决农村富余劳动力就业的主要行业之一，农民工总数超过 3000 万人。提高建筑业农民工整体素质，对于保障工程质量和安全生产，促进农民增收，推动城乡统筹协调发展具有重要意义。

为了帮助刚进入和将要进入建设行业的农民工朋友尽快掌握建设行业各工种的基本知识和操作技能，丛书编委会编撰了一套建筑行业部分工种的系列用书。考虑到读者的接受能力，本套丛书按照易读、乐读、实用、精炼的原则，以施工现场实物图片等生动直观的表现形式为主，结合简练的文字说明，力求达到直观明了、通俗易懂的效果。

希望本套系列用书能成为农民工朋友的良师益友，为提高建筑业农民工整体素质和建筑工程质量贡献一份力量。

【前　言】

目前，农村富余劳动力、返乡农民工、退役士兵、进城务工以及再就业人员，已经形成了一个数量庞大的群体，其中相当一部分将通过正在实施的“阳光工程”及“温暖工程”等培训项目，进入和将要进入建设行业。为了使这部分群体尽快掌握建设行业各工种的基本知识和操作技能，我们充分考虑读者的接受能力，按照易读、乐读、实用、精炼的原则，以施工现场实物图片等生动直观的表现形式为主，编撰了一套建筑行业部分工种的系列丛书，《图说抹灰工》是其中的一本。本书也可作为中高职院校技能培训用书。

本书由唐山市建筑工程中等专业学校郭宝元主编，共分6章，其中第1章、第2章由唐山市建筑工程中等专业学校刘卫红编写，第3章、第4章由唐山市建筑工程中等专业学校曹海成编写，第5章、第6章由唐山市建筑工程中等专业学校张建华编写，全书的整理和审查由郭宝元老师负责。本书以图文对照的形式阐述了建筑工程中基本的识图知识、抹灰材料的种类用途以及抹灰工具、抹灰工艺、安全生产等知识。

本书编写过程中参考了相关书籍及资料，其中主要资料已列入本书参考文献，同时也得到了中国建筑工业出版社和唐山市建筑工程中等专业学校领导的支持，在此谨向各位作者及领导表示衷心的感谢！

由于作者水平有限，书中的错误和不足之处在所难免，恳请读者提出宝贵意见。

作者

2011 年 5 月

【目　录】

1　民用建筑构造与识图

1.1　民用建筑的构造组成

1.1.1　民用建筑构造组成

一幢民用建筑，一般是由基础、墙（或柱）、楼板层及地坪层（楼地层）、屋顶、楼梯和门窗等主要部分组成，如图 1-1 所示。

基础：位于建筑物最下部的承重构件。

墙（或柱）：建筑物的竖向承重构件，而墙既是承重构件又是围护构件。

楼地层：楼层是多层建筑中的水平承重构件和竖向分隔构件，它将整个建筑物在垂直方向上分成若干层。

楼梯：建筑中楼层间的垂直交通设施，供人们上下楼层和紧急疏散之用。

屋顶：建筑物顶部的覆盖构件，与外墙共同形成建筑物的外壳。屋顶既是承重构件又是围护构件。

门窗：属于非承重构件，门主要用作室内外交通联系及分隔房间，窗主要用作采光和通风。

1.1.2　常用建筑术语（图 1-2）

横墙：沿建筑宽度方向的墙，见图 1-2（*a*）。

纵墙：沿建筑长度方向的墙，见图 1-2（*a*）。

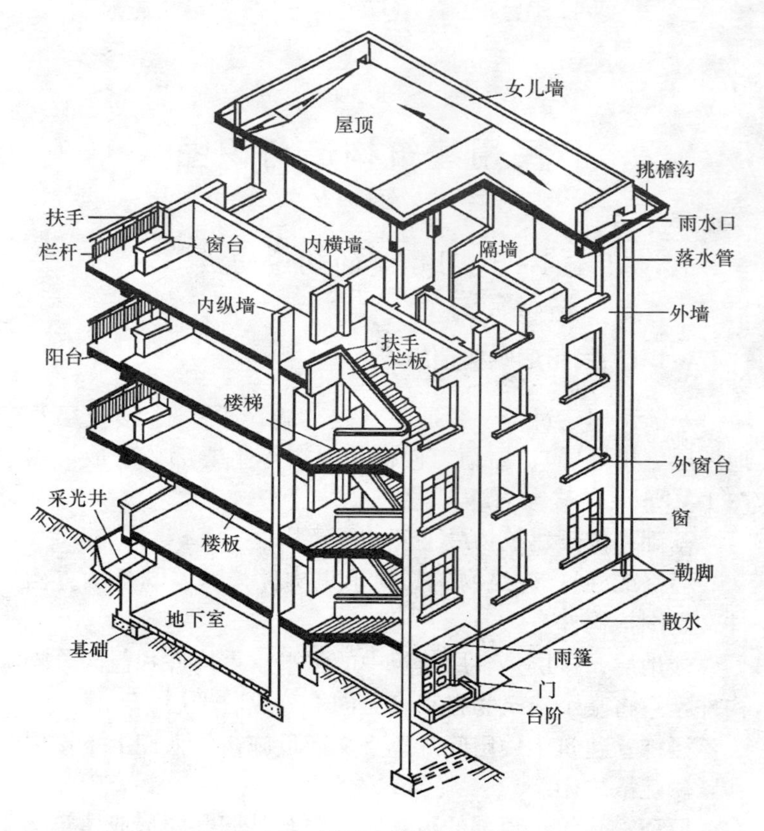

图 1-1　民用建筑的构造组成

山墙：外横墙，见图 1-2（*a*）。

进深：纵墙之间的距离，以轴线为基准，见图 1-2（*b*），主卧室进深为 3900mm。

开间：横墙之间的距离，以轴线为基准，见图 1-2（*b*），主卧室开间为 3400mm。

女儿墙：外墙从屋顶上高出屋面的部分，见图 1-1。

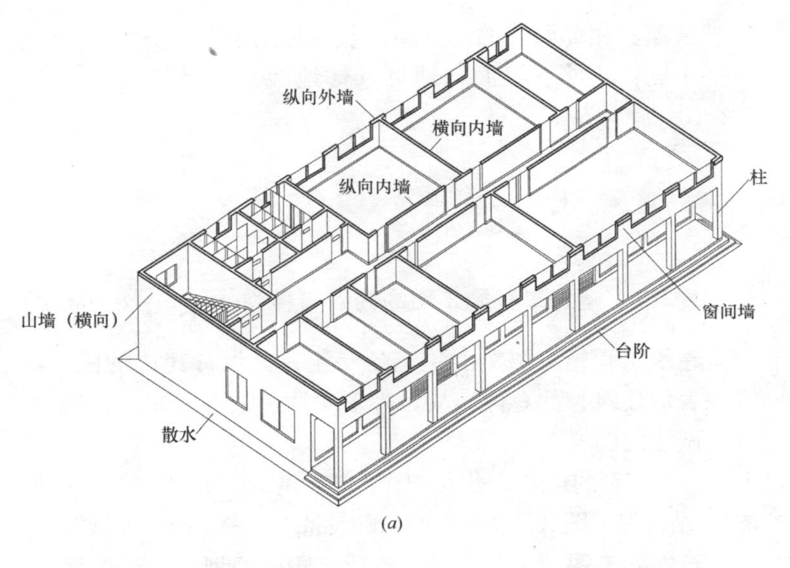

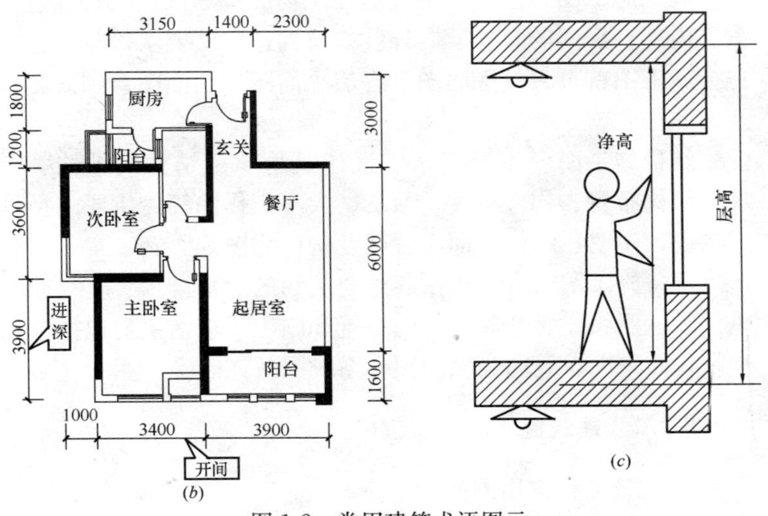

图 1-2　常用建筑术语图示

层高：相邻两层的地坪高度差，见图 1-2（*c*）。

净高：构件下表面与地坪（楼地板）的高度差，见图 1-2（*c*）。

1.2 民用建筑识图初步

1.2.1 建筑工程施工图的内容与种类

建筑工程施工图是由建筑各专业人员设计完成的图样，主要表示建筑物的总体布局、外形轮廓、大小尺寸、结构和材料做法的图样。

一套完整的建筑工程施工图纸包含建筑施工图（简称建施图）、结构施工图（简称结施图）和设备施工图（简称设施图）。

建筑施工图 主要用于表达建筑物的规划位置、外部造型、内部各房间的布置、内外装修及构造施工要求等。主要包括施工图首页、总平面图、各层平面图、立面图、剖面图及详图等。

结构施工图 主要用于表达建筑物承重结构的结构类型、结构布置、构件种类、数量、大小、作法等。主要包括结构设计说明、结构平面布置图及构件详图等。

设备施工图 主要用于表达建筑物的给水排水、暖气通风、供电照明、燃气等设备的布置和施工要求。主要包括各种设备的平面布置图、轴测图、系统图及详图等。

1.2.2 建筑施工图的识读

1. 建筑工程常用图例

（1）常用建筑图例，见表 1-1。

常用建筑图例　　表 1-1

名　称	图　例	说　明
新建的建筑物	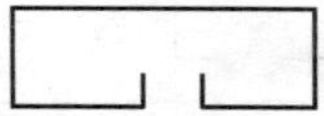	
原有的建筑物	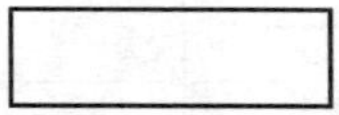	
计划扩建的预留地或建筑物		
拆除的建筑物		
围墙和大门	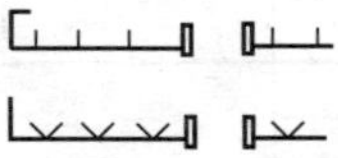	上图为砖石、混凝土或金属材料的围墙 下图为镀锌铁丝网、篱笆等围墙
坐标	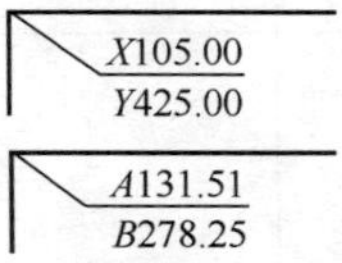 X105.00 Y425.00 A131.51 B278.25	上图表示测量坐标 下图表示施工坐标
护坡	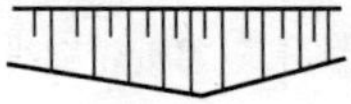	边坡较长时，可在一端或两端局部表示
原有的道路		

续表

名称	图例	说明
计划扩建的道路		
建筑物下的通道		
新建的地下建筑物或构筑物		
挡土墙		被挡的土在“突出”的一侧

（2）常用建筑材料图例，见表1-2。

常用建筑材料图例　　表1-2

名称	图例	说明
自然土壤		包括各种自然土壤
夯实土壤		
砂、灰土		靠近轮廓线点较密的点
天然石材		包括岩层、砌体、铺地、贴面等材料

续表

名　称	图　　例	说　　明
普通砖	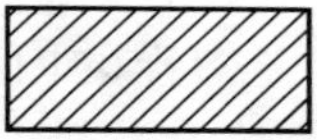	1. 包括砌体、砌块 2. 断面较窄，不易画出图例线时，可涂红
饰面砖		包括铺地砖、瓷砖、陶瓷锦砖（马赛克）、人造大理石等
混凝土	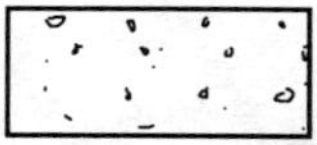	1. 本图例仅适用于能承重的混凝土及钢筋混凝土 2. 包括各种强度等级、材料、添加剂的混凝土 3. 剖面图上面出钢筋时不画图例线 4. 断面较窄，不易画出图例线时，可涂黑
钢筋混凝土	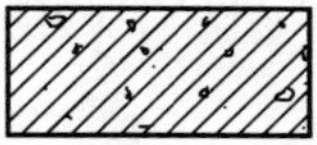	
毛石	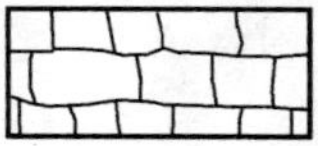	
木材		1. 上图为断面图，左上图为垫木、木砖、木龙骨 2. 下图为纵断面
金属	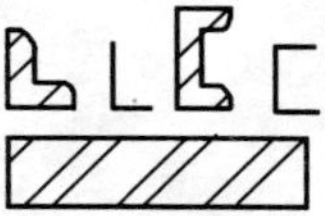	1. 包括各种金属 2. 图形小时，可涂黑
防火材料		构造层次多或比例较大时，采用上画图例

2. 建筑施工图的识读步骤

读图的一般方法：先粗读，后细读，从全局到局部，建筑和结构相互对照。

（1）看首页目录，了解各专业图样的内容，张数及图号；再看总说明和总平面图，了解建筑类型、工程概况、技术及材料要求。

（2）看建筑施工图应按建筑平面图、立面图、剖面图、构造详图的编排顺序阅读。

（3）看结构施工图应按基础图、结构平面布置图、结构构件详图的编排顺序阅读。

（4）看设备施工图应具备较丰富的专业知识，应分专业阅读。

在读图过程中，对图样中的疑点或要点应认真记录，以便查阅，但不得擅自修改。

2 常用抹灰材料

抹灰工程常用的材料包括：胶凝材料、骨料、纤维材料、矿物原料、外加剂、界面处理剂。

2.1 胶 凝 材 料

胶凝材料分为水硬性材料和气硬性材料。

水硬性材料包括普通硅酸盐水泥、矿渣硅酸盐水泥、粉煤灰硅酸盐水泥、白色硅酸盐水泥等，见图 2-1。

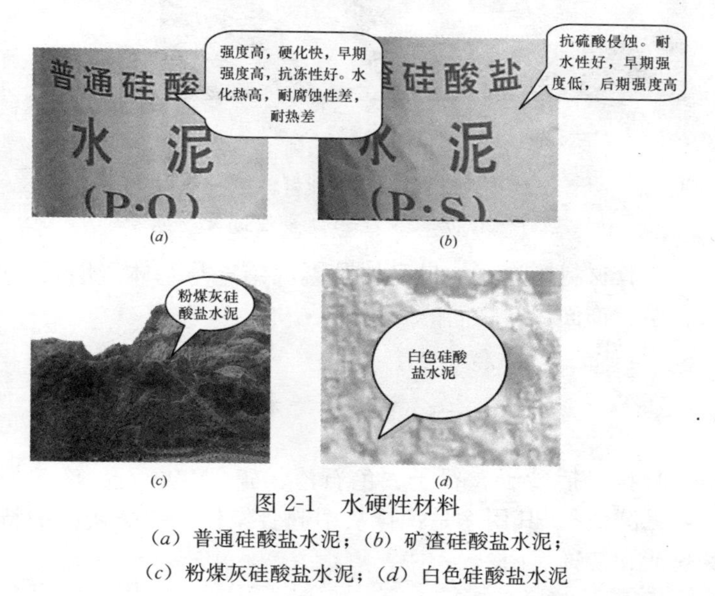

(*a*) (*b*)

(*c*) (*d*)

图 2-1 水硬性材料

（*a*）普通硅酸盐水泥；（*b*）矿渣硅酸盐水泥；（*c*）粉煤灰硅酸盐水泥；（*d*）白色硅酸盐水泥

气硬性材料是只能在空气中凝结、硬化、保持和发展强度的胶凝材料，如石灰、石灰膏、菱苦土、水玻璃即属这一类，见图 2-2。

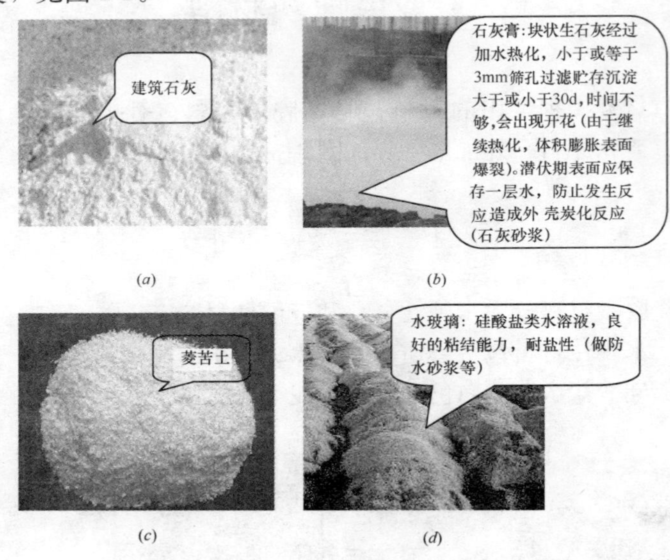

(*a*) (*b*) (*c*) (*d*)

图 2-2 气硬性材料

(*a*) 建筑石灰；(*b*) 石灰膏；(*c*) 菱苦土；(*d*) 水玻璃

凝胶材料用途有：自身的胶凝固结，与基体（层）、砂浆各层、饰面块料之间的胶凝固结。

2.2 骨料

骨料包括砂子、石子、色石渣、瓷粒、蛭石、珍珠岩等，见图 2-3，其用途是：抹灰中起骨架作用；抹灰中的特殊功能和装饰作用。

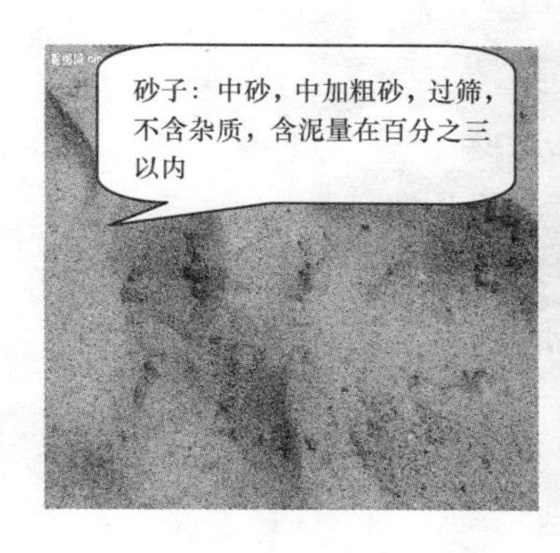

(*a*)

(*b*)

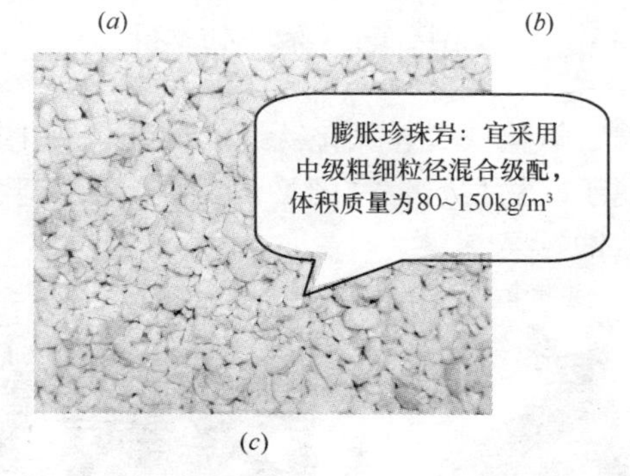

(*c*)

图 2-3　骨料

(*a*) 砂子；(*b*) 石子；(*c*) 珍珠岩

2.3　纤维材料

纤维材料包括麻刀（图 2-4）、纸筋、草秸、玻璃丝等。其作用有：增强抹灰灰浆的整体性；使面层不开裂、脱落。

图 2-4　麻刀

2.4　矿 物 材 料

钛白粉、氧化铁黄、氧化钛红、群青、氧化铁棕、氧化铁黑等都属于矿物材料，见图 2-5，其作用是调配抹面层颜色，增强装饰效果。

(*a*)

(*b*)

图 2-5　矿物材料

(*a*) 钛白粉；(*b*) 氧化铁黑

2.5　外　加　剂

外加剂包括：聚醋酸乙烯乳液（白乳胶）、801 胶、甲基硅醇钠、木质素黄酸钙、六偏磷酸钠等，见图 2-6。外加剂可以增强砂浆自身强度和各抹灰层间粘结力，提高砂浆的耐久性，有防水防污染功能，还能抑制水泥中游离化学成分的析出，稳定砂浆的稠度。

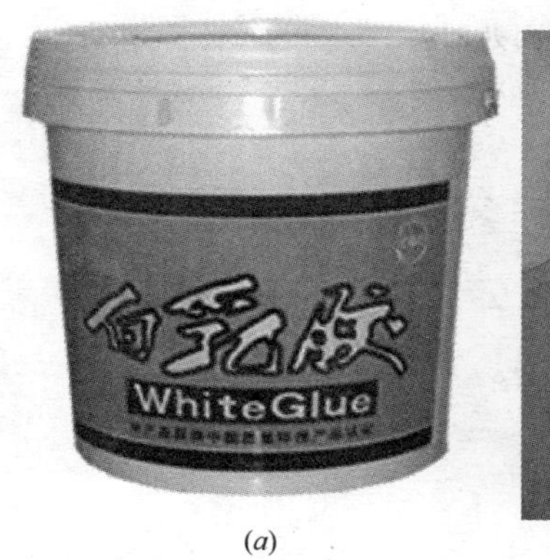

(*a*)

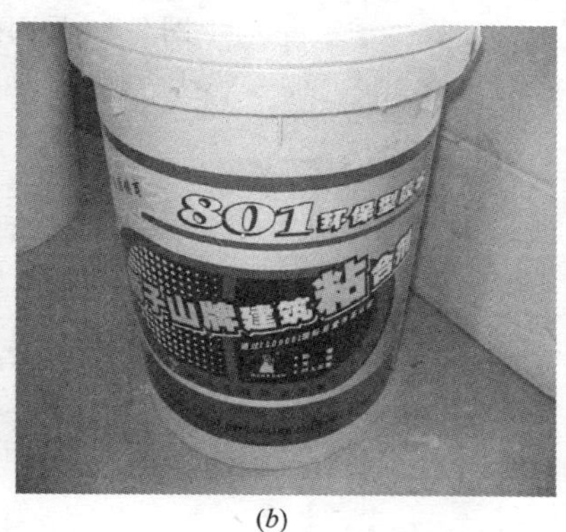

(*b*)

图 2-6　外加剂

（*a*）白乳胶；（*b*）801 胶

2.6　界面处理剂

界面处理剂包括 YJ-302、YJ-303、JA-01 等，见图 2-7，其用途是增强砂浆底层粘结强度，减少空鼓产生。

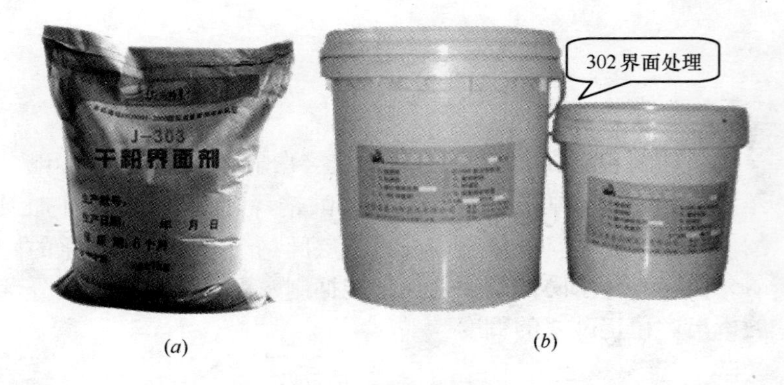

(*a*) (*b*)

图 2-7　界面处理剂

（*a*）J-303；（*b*）J-302

3 常用机具

3.1 手工工具

抹灰工程常用手工工具主要包括各种抹子、辅助工具和刷子等其他工具（图3-1～图3-8）。抹灰用的各种抹子主要有方头铁抹子、压子、木抹子、阴角抹子、圆弧阴角抹子和阳角抹子等。其中方头铁抹子用于抹灰；压子用于压光罩面灰；木抹子用于搓平底灰和搓毛砂浆表面；阴角抹子用于压光阴角；阳角抹子用于压光阳角。

抹灰工程常用的辅助工具有托灰板、刮杠、钢筋卡子、靠尺板、线坠等（图3-9～图3-14）。其中托灰板用于临时放灰；刮杠用于抹灰面的整平；钢筋卡子用于辅助墙角抹灰；靠尺板用于检验抹灰面平整；线坠用于检验抹灰面的垂直度。

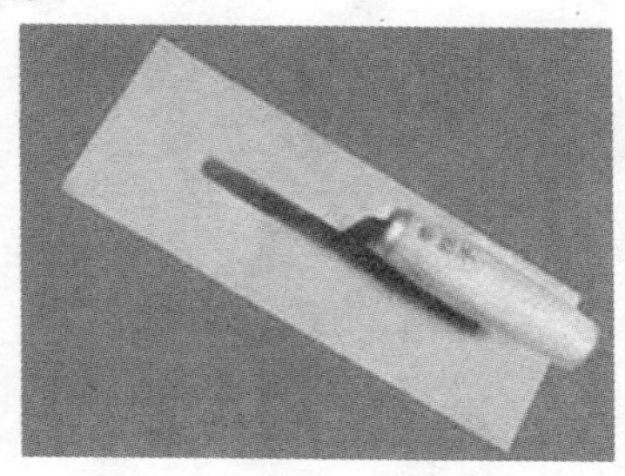

图3-1 铁抹

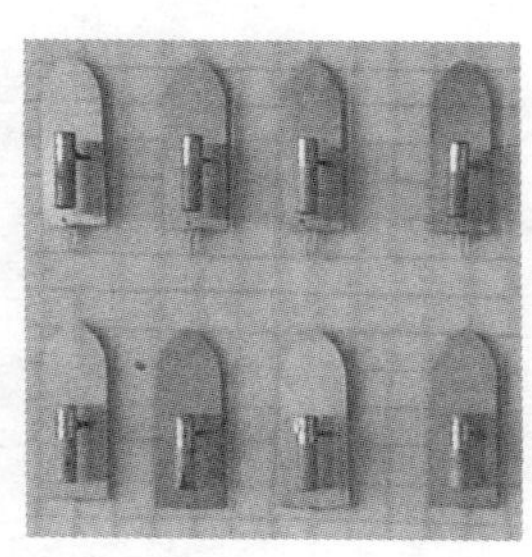

图3-2 压子

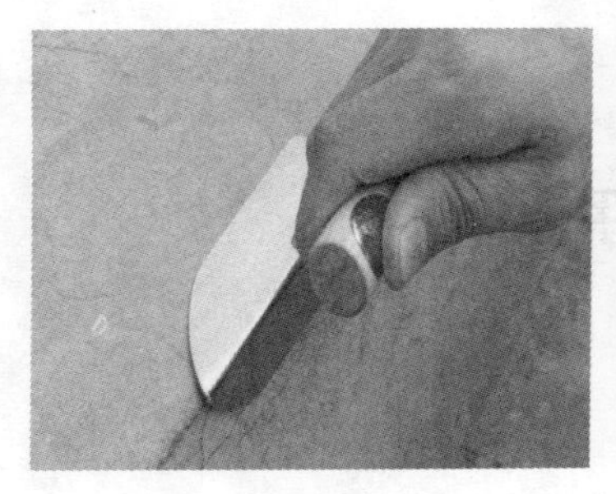

图 3-3　阳角抹

图 3-4　阴角抹

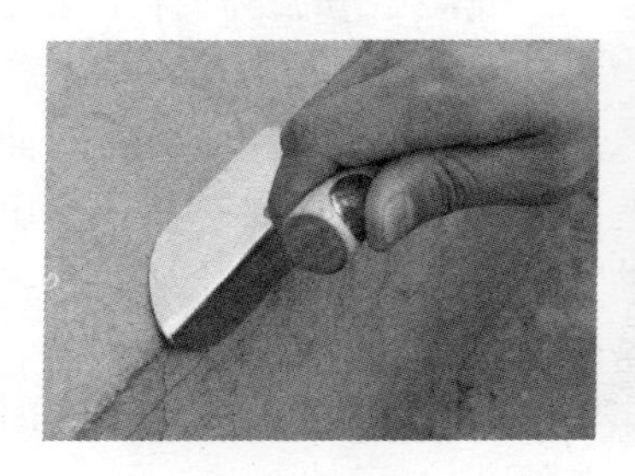

图 3-5　阳角抹的操作

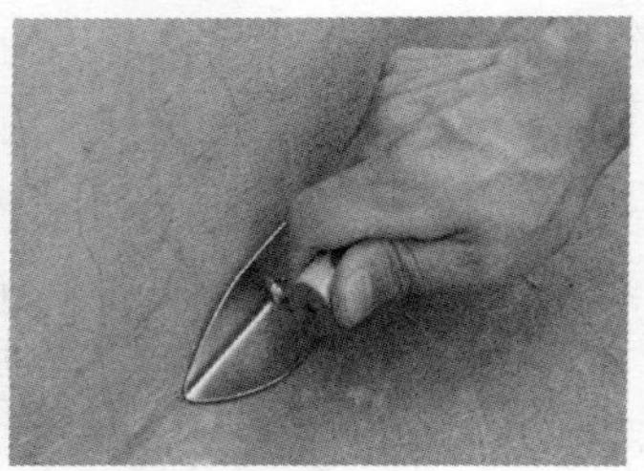

图 3-6　阴角抹的操作

图 3-7　塑料抹子

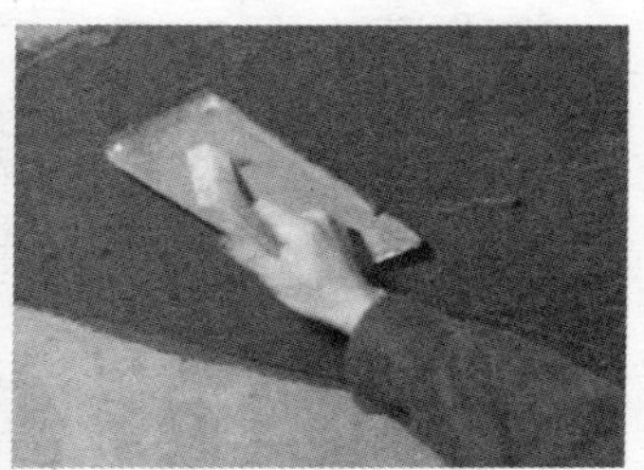

图 3-8　木抹子

图 3-9　托灰板

图 3-10　刮杠

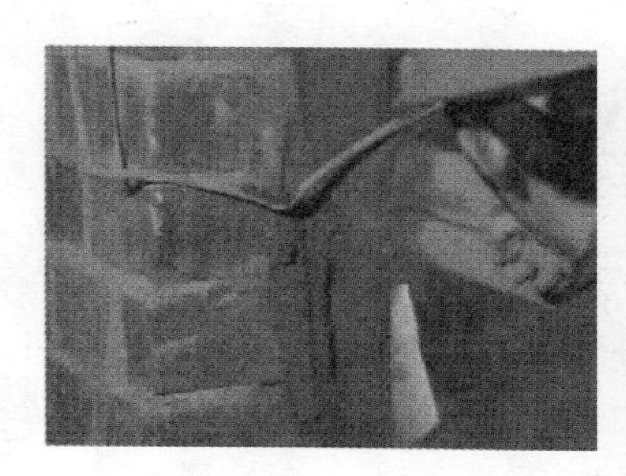

图 3-11　钢筋卡子

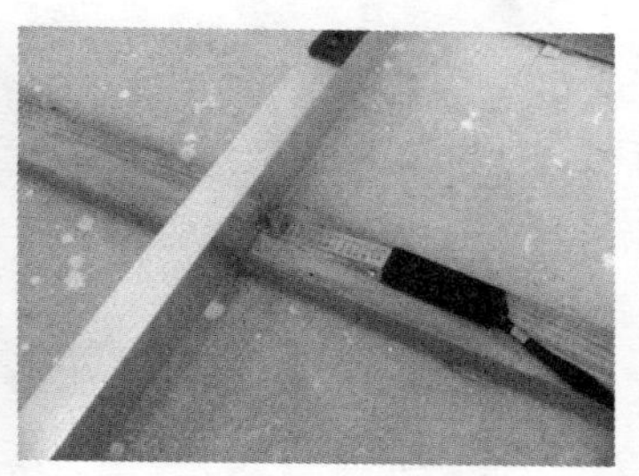

图 3-12　靠尺板

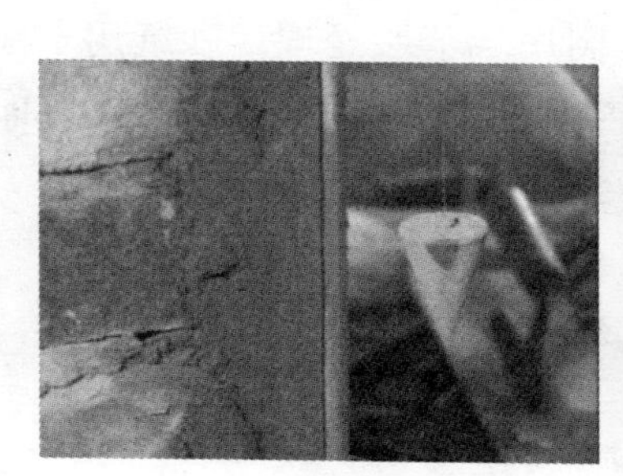

图 3-13　线坠

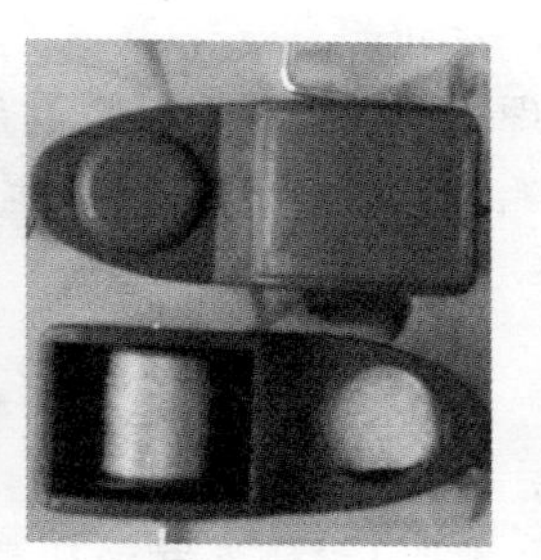

图 3-14　墨线斗

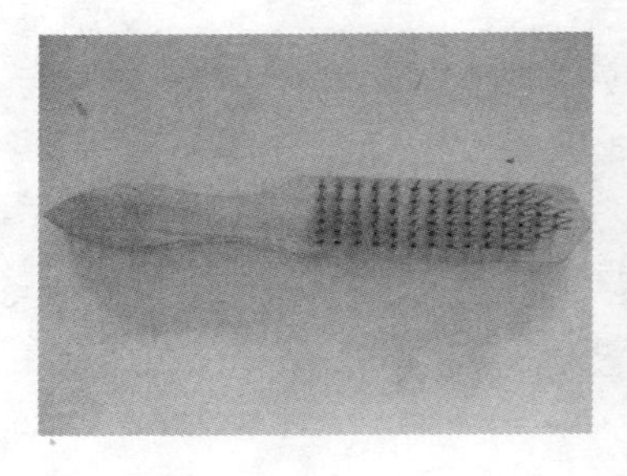

图 3-15　钢丝刷

图 3-16　砂纸

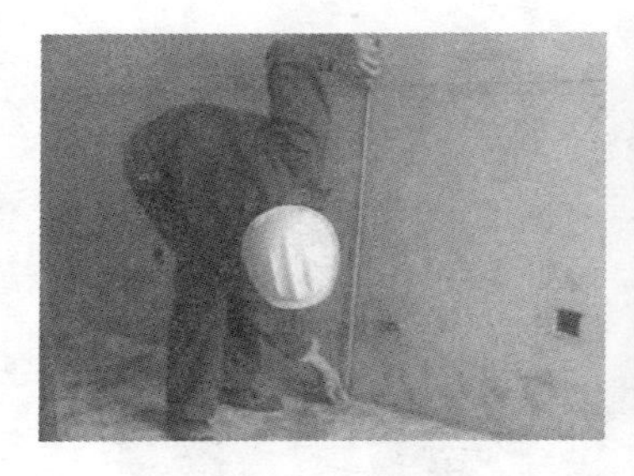

图 3-17　钢盒尺

图 3-18　手锤、钢钎

抹灰工程常用的其他工具有钢丝刷、砂纸、钢盒尺、手锤和钢钎等。其中钢丝刷用于基层处理；砂纸用于面层处理；钢盒尺用于测量尺寸；手锤和钢钎用于墙地面的凿毛。

3.2　施工机具

3.2.1　砂浆制备机具

砂浆制备设备能够满足不同性能要求的抹灰砂浆生产需

要，并且具有占地小、投资少、操作简单等诸多优点（图3-19～图3-22）。当然，有时候一些工程利用混凝土搅拌机搅拌砂浆也是可以的（图3-23）。

图3-19　卧式砂浆搅拌机

图3-20　立式砂浆搅拌机

图3-21　麻刀灰拌合机

图3-22　淋灰机

3.2.2　喷涂类机具

喷涂机及喷涂操作见图3-24和图3-25。

图 3-23 混凝土搅拌机搅拌砂浆

图 3-24 喷涂机

图 3-25 喷涂操作

3.2.3 高处作业提升机具

高处作业提升机具见图 3-26～图 3-28。

图 3-26　物料提升机

图 3-27　井架

图 3-28　外挂电梯

4 抹灰砂浆

4.1 抹灰砂浆品种

砂浆是由胶结料、细骨料、水和其他辅料组成的（图4-1～图4-6），在建筑工程中起着粘结、衬垫和传递应力的作用。

图 4-1 水泥

图 4-2 砂子

图 4-3 水

图 4-4 纸筋

图 4-5　纤维丝

用于墙柱面、顶棚面和地面上抹平表面的砂浆称为抹灰砂浆，无细骨料者则称为抹灰灰浆。抹于墙柱面、顶棚面上的砂浆只起粘结；衬垫作用。抹于地面上的砂浆则起着粘结、衬垫和传递应力的作用。

抹灰砂浆不能一次性抹于物面上，应分层抹灰，各层抹灰砂浆品种可有所不同。抹灰层一般分为底层、中层、面层（图 4-6）。

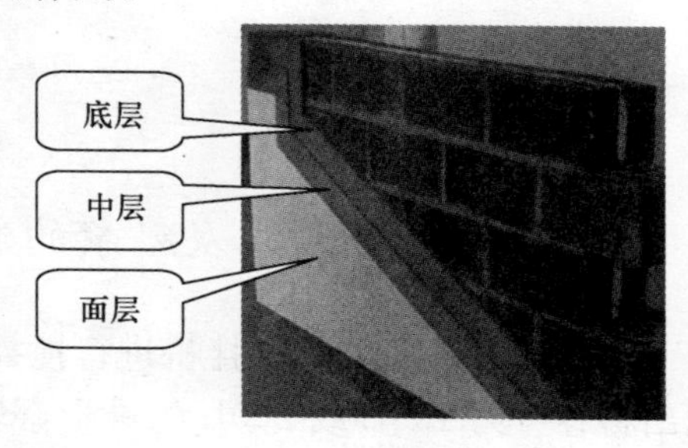

图 4-6　抹灰构造

抹灰砂浆的名称是以胶结料和细骨料的名称而定。抹灰砂浆按其组成材料不同，可分为石灰砂浆、水泥砂浆、水泥石灰砂浆、聚合物水泥砂浆、膨胀珍珠岩水泥浆、水泥蛭石浆、水泥石子浆、麻刀石灰砂浆、水泥石英砂浆、麻刀石灰、纸筋石灰、石膏灰、水泥浆等（图 4-7～图 4-10）。

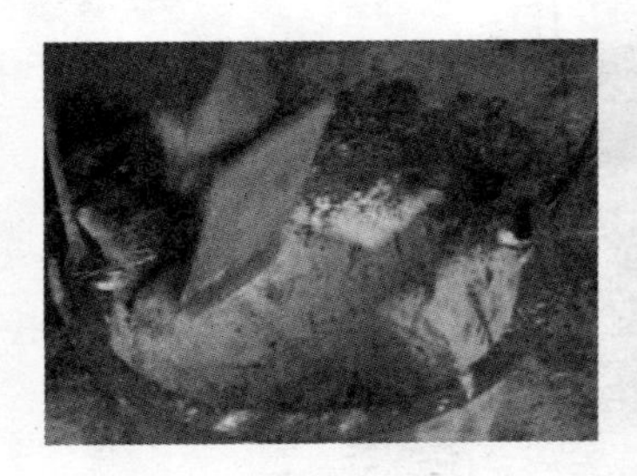

图 4-7　麻刀石灰砂浆

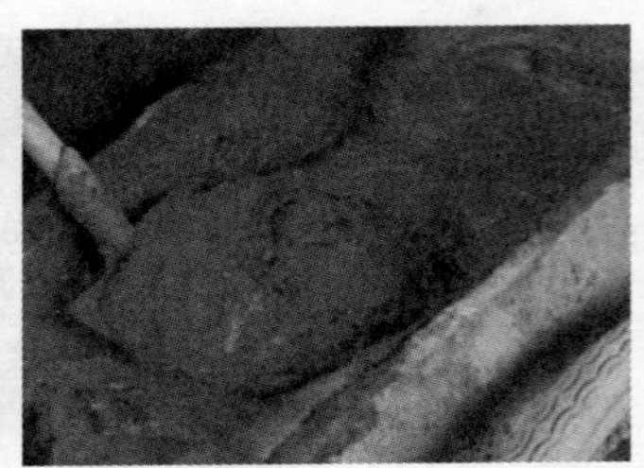

图 4-8　水泥砂浆

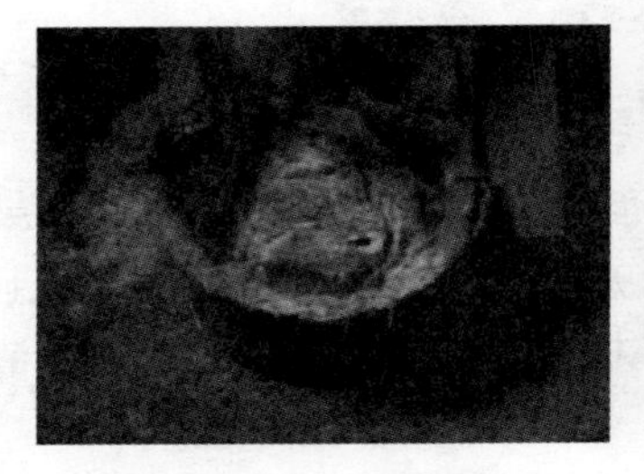

图 4-9　纸筋石灰砂浆

图 4-10　水泥混合砂浆

4.2　抹灰砂浆的制备

抹灰砂浆应用砂浆搅拌机进行搅拌（图 4-11），也可以用出料容量为 150L 或 200L 的锥形翻转出料混凝土搅拌机进行搅拌。

砂浆搅拌机应安置在适当位置，使砂浆运送到各抹灰地点都比较方便。固定式搅拌机应有可靠的基础；移动式搅拌机应用方木或撑架固定，并保持水平。

砂浆搅拌机的铭牌上都有每次搅拌时间，搅拌到砂浆组成材料分布均匀，砂浆颜色一致，砂浆稠度合适为止，每盘

图 4-11　砂浆搅拌机

砂浆搅拌时间不得少于 1.5min。

每盘砂浆搅拌好后应立即卸出，把砂浆卸尽后才能进行下一步盘加料及搅拌。

商品建筑砂浆制备流程见图 4-12。

图 4-12　商品建筑砂浆制备流程

4.3 抹灰砂浆技术性能

抹灰砂浆要求有合适的稠度和良好的保水性。地面面层的抹灰砂浆还要求有足够的抗压强度。

砂浆的稠度是指砂浆使用时的稀稠程度，太稀的砂浆在抹灰时容易产生流淌现象；太稠的砂浆不易涂抹，难于摊铺均匀。砂浆的合适稠度是根据砂浆品种及施工方法而定。砂浆稠度测定使用稠度测定仪。

砂浆的保水性是指保全水分的能力。砂浆保水性不良，则砂浆在运输、贮存过程中容易发生泌水现象。砂浆的保水性用分层度表示，分层度测定采用分层度测定仪。

5 抹 灰 工 程

5.1 抹灰工程的作用、分类及组成

5.1.1 抹灰的作用

1. 外装饰抹灰的作用

保护主体结构，阻挡自然界中风、雨、雪、霜等的侵蚀。提高建筑物墙面防潮、防风化和保温、隔热、防潮、隔声等能力，改善建筑物艺术形象、美化城市，是建筑艺术的组成部分。

外装饰包括：檐口、屋顶、窗台、腰线、雨篷、阳台、勒脚和墙面等部位。

2. 内装饰抹灰的作用

保护墙体，使房屋内部平整明亮、改善室内采光条件：提高保温、隔热、抗渗、隔声等能力，保护主体结构免受侵蚀，创造良好的居住、工作条件，是建筑艺术的重要组成部分。

5.1.2 抹灰工程分类

1. 按部位可分为室内抹灰和室外抹灰。

（1）室内抹灰：室内抹灰主要是保护墙体和改善室内卫生条件，增强光线反射，美化环境；在易受潮湿或酸碱腐蚀的房间里，主要起保护墙身、顶棚和楼地面的作用。

（2）室外抹灰：室外抹灰主要是保护墙身不受风、雨的侵蚀，提高墙面防潮、防风化、隔热的能力，提高墙身的耐久性，也是对各种建筑表面进行艺术处理的措施之一。

2. 按建筑物所使用的材料和装饰效果不同可分为一般抹灰、装饰抹灰。

（1）一般抹灰：一般抹灰所使用的材料为石灰砂浆、混合砂浆、聚合物水泥砂浆以及麻刀灰、纸筋灰、石膏灰等。

（2）装饰抹灰：装饰抹灰根据使用材料、施工方法和装饰效果不同，分为拉条灰、拉毛灰、洒毛灰、水刷石、水磨石、干粘石、剁斧石、假面砖、人造大理石以及外墙喷涂、滚涂、弹涂。

5.1.3 抹灰的组成

为了保证抹灰表面平整，避免裂缝，抹灰层一般应分层操作。一般由底层、中层和面层组成（图 5-1），当底层和

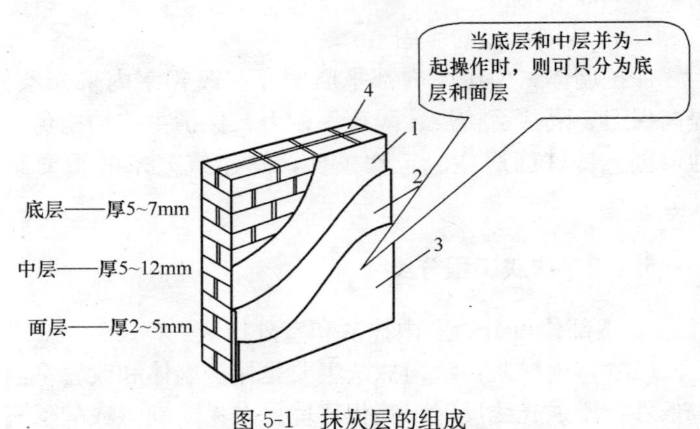

图 5-1　抹灰层的组成

1—底层；2—中间层；3—面层；4—基层

中层并为一起操作时，则可只分为底层和面层。

5.2 施工准备及基层处理要求

5.2.1 施工准备

1. 弹好室内50线和房间方线，对于顶棚应将四周墙上将室内50线上翻至墙体顶部，弹出水平控制线，以墙上水平线为依据。

2. 外墙抹水泥砂浆，大面积施工前应先做样板。确认后，再组织施工。

3. 抹灰施工用水及养护用水从现场临时水管线上就近接设。

4. 内墙抹灰用马凳，竹架板及安全防护设施设置完善，注意操作架离开墙面200～250mm，以利于操作。架木要稳定，牢固，可靠。

5. 冬季砂浆施工要注意防冻，防寒，并且做好防御措施以保证温度不低于5℃。

6. 粉刷遵循从顶层到底层的施工顺序，室内房间先顶棚后墙面严禁无层次无顺序的乱施工。

5.2.2 基层处理

1. 抹灰前基层表面的尘土、疏松物、脱模剂、污垢和油渍等应清除干净。

2. 室内墙面、柱面和门洞口的阳角做法应符合设计要求。设计无要求时，应采用1∶2水泥砂浆做暗护角，其高度不应低于2m，每侧宽度不应小于50mm。

3. 不同材料基体交接处表面的抹灰，应采取防止开裂的加强措施，当采用加强网时，加强网与各基体的搭接宽度不应小于 100mm。

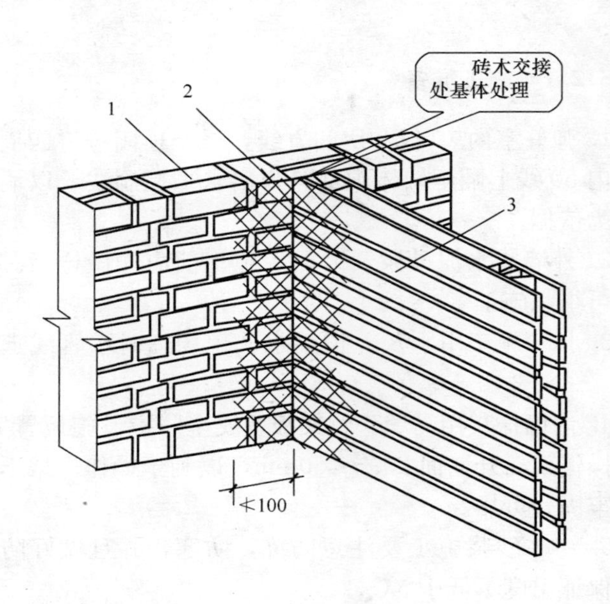

图 5-2　砖木交接处基体处理

1—砖墙；2—钢丝网；3—板条

4. 抹灰前对墙体上被剔凿的管线，洞口等进行整修完善，检查门窗位置是否正确，安装连接是否牢固，门窗框与墙体之间的缝隙应用 1∶3 水泥砂浆或 1∶1∶9 水泥混合砂浆嵌塞严实。

5. 基体表面光滑，抹灰前应作毛化处理。

6. 抹灰前基体表面应洒水湿润。

5.3 一般抹灰施工

5.3.1 施工工艺

基层处理→浇水润→做灰饼→设置标筋（冲筋）→阴阳角找方→抹底层灰→抹中层灰→抹面层灰→清理（图 5-3～图 5-13）。

为了使抹灰砂浆与基体表面粘结牢固，防止抹灰层产生空鼓现象，抹灰前对凹凸不平的基层表面应剔平，或用 1∶3 水泥砂浆补平。孔、洞及缝隙处均应用 1∶3 水泥砂浆或水泥混合砂浆(加少量麻刀）分层嵌塞密实

图 5-3　添堵

基层表面的尘土、污垢、油渍等应清除干净，过光的墙面应予以凿毛，或涂刷一层界面剂，以加强抹灰层与基层的粘结力

图 5-4　清理墙面

图 5-5　浇水润墙

图 5-6　找规矩

各种砂浆抹灰层，在凝结前应防止快干、水冲、撞击、振动和受冻，在凝结后应采取措施防止玷污和损坏。水泥砂浆抹灰层应在湿润条件下养护。

抹灰层与基层之间及各抹灰层之间必须粘结牢固，这在外墙和顶棚上尤其重要。抹灰层应无脱层、空鼓，面层应无爆灰和裂缝。

施工中应注意水泥砂浆不得抹在石灰砂浆层上，罩面石

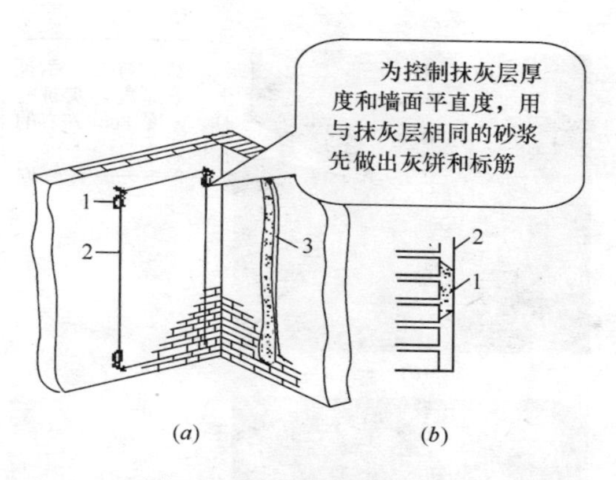

图 5-7　做灰饼和设置标筋

（a）灰饼和标筋的制作；（b）灰饼剖面

1—灰饼；2—引线；3—标筋

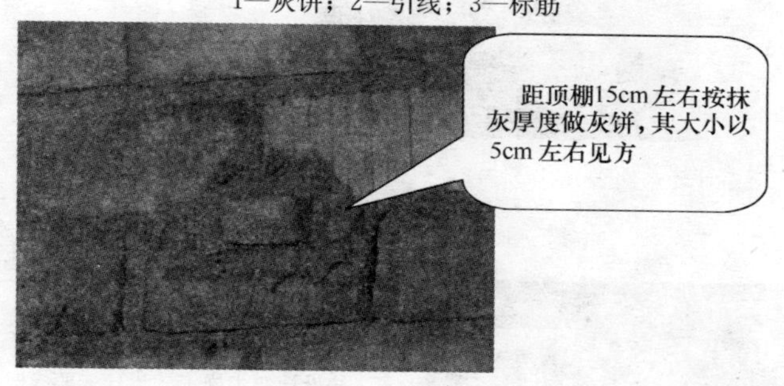

图 5-8　灰饼

膏灰不得抹在水泥砂浆层上。

5.3.2　一般抹灰要求

1. 所有材料的品种、质量必须符合要求，各抹灰层之间，及抹灰层与基体之间必须粘结牢固，无脱层、空鼓，面层无爆灰和裂缝（风裂除外）等缺陷。

待灰饼收水后，摸出一条厚度与灰饼一样，宽度 8cm 左右的梯形灰带

(a)

(b)

图 5-9　设置标筋

在内墙的阳角和门洞口侧壁的阳角、柱角等易于碰撞之处，应按设计要求施工，设计无要求时，应采用 1∶2 水泥砂浆制作护角，其高度应不低于 2 m，每侧宽度不小于 50 mm

图 5-10　阳角找方

标筋稍干后以标筋为平整度的基准进行底层抹灰。如用水泥砂浆或混合砂浆，应待前一抹灰层凝结后再抹后一层。如用石灰砂浆，则应待前一层达到七八成干后，方可抹后一层

图 5-11　底层抹灰

图 5-12　装档

2. 表面应光滑，洁净，颜色均匀，无抹纹、线脚，且灰线平直、方正、清晰美观。

3. 孔洞、槽、盒尺寸正确，方正、整齐、光滑，管道后面抹灰平整。

图 5-13　刮杠

5.3.3　一般抹灰缺陷预防及治理

1. 空鼓、开裂和烂根：由于抹灰和基底清理不干净，抹灰前不浇水、每层抹灰太厚、跟的太紧；及预制混凝土，光滑面不甩毛等造成的空鼓、开裂的质量问题。应从基体清理、操作时、养护等方面进行处理。

2. 抹灰面层起泡、有抹纹、开花：掌握压光时间注意由于灰浆未收水而出现起泡现象及由于底层过分干燥、淋制石灰膏是未过滤好、时间短，套方吊垂直做灰饼不认真等原因造成的有抹纹、开花等现象。

3. 注意施工缝的留置以免造成门窗洞口等面灰接茬明显或颜色不一致。

4. 一定要按规范做滴水线或滴水槽。

5.4　装饰抹灰施工

按装饰面层的不同，装饰抹灰的种类有水刷石、水磨石、斩假石、干粘石、拉毛灰、洒毛灰、拉条灰、假面砖、喷涂、滚涂、弹涂等。

5.4.1 水刷石

水刷石饰面是一项传统的施工工艺，它能使墙面具有天然质感，而且色泽庄重美观，饰面坚固耐久，不褪色，也比较耐污染（图 5-14）。

(*a*) (*b*) (*c*)

图 5-14 水刷石

其施工方法如下：

1. 粘贴分格条

底层或垫层抹好后待砂浆 6～7 成干时，按照设计要求，弹线确定分格条位置，但必须注意横条大小均匀，竖条对称一致。木条断面高度为罩面层的厚度、宽度做成梯形里窄外宽，分格条粘贴前要在水中浸透以防抹灰后分格条发生膨胀；粘贴时在分格条上、下用素水泥浆粘结牢固；粘贴后应横平竖直，交接紧密，通顺。

2. 抹罩面石子浆

在底层或垫层达到一定强度、分格条粘贴完毕后，视底层的干湿程度酌情浇水湿润，先薄薄均匀刮素水泥浆一道，这是防止空鼓的关键。刮浆厚度 1mm 左右，刮浆后紧跟着用钢抹子抹 1∶2～1∶2.8 水泥石子浆（按石子颗粒大小而定，如用小八粒应为 1∶2.5，如用米厘石应为 1∶2.8）。操作前应做样板试验，为方便操作可加适量的石灰膏浆。在每一块分格内从下往上随抹随拍打揉平，用抹子反复抹平压实，把露出的石子尖棱轻轻拍平，使表面压出水泥浆来。在抹墙面的石子浆时，要略高出分格条，然后用刷子蘸水刷去表面浮浆，拍光压光一遍，再刷再压，这样做不少于三次，在刷压拍平过程中，石在灰浆中转动，达到大面朝外和表面排列紧密均匀。为了解决面层成活后出现明显的抹纹，石子浆抹压后，可用直径 40～50mm、长度 500mm 左右的无缝钢管制作成小滚子，来回滚压几遍然后再用抹子找平，这样便于提浆，同时密实度也好。在阳角处要吊垂线，用木板条临时固定在一侧，并定出另一侧的罩面层高度，然后抹石子浆，抹完一侧后用靠尺靠在已抹好石子浆的一侧，再做未抹的一侧，接头处石子要交错避免出现黑边。阴角可用短靠尺顺阴角轻轻拍打，使阴角顺直，现在我们普遍采用在阴角处加竖向分格条的做法，可取得更为满意的效果。

3. 喷刷

喷刷是水刷石的关键工序，喷刷过早或过度，石子露出灰浆面过多容易脱落，喷刷过晚则灰浆冲洗不净，造成表面污浊影响美观。喷刷应在面层刚刚开始初凝时进行，即用手指按压无痕或用刷子刷石子不掉粒为宜，这是保证喷刷质量的关键。水刷石墙面的喷刷动作要快，1 人在前面用软毛刷蘸水将表面灰浆刷掉，露出石子，避免掉粒，后面 1 人紧跟用喷雾器先将四周相邻部位喷湿，然后由上而下的顺序分段进行喷水冲刷，每段约 80cm，喷头距墙面约 10～20cm 喷射要均匀，把表面的水泥浆冲掉，使石子外露粒径的 1/3 左右。喷刷阳角处时，喷头要斜角喷刷，保持棱角明朗、整齐。冲洗要适度不宜过快、过慢或漏冲洗。喷刷时出现局部石子颗粒不均匀现象，应用铁抹子轻轻拍压，以达到表面石子颗粒均匀一致。如出现裂纹现象要及时用抹子抹压把表面的水泥浆冲洗干净露出石子后，用小水壶由上而下冲洗干净，取出分格条后上下应清口，石子不能压条。

在喷刷完后的墙面上分格缝处用 1：1 水泥砂浆做凹缝深度 3～4mm 并上色。最好在水泥砂浆内加色拌和均匀后再嵌缝，以增加美观。

4. 质量通病和采取的预防措施

阳角部位水刷石操作完成后往往出现黑边或没有尖棱，被分格条断开的阳角上下或左右不平直。出现黑边的原因为抹阳角反贴八字靠尺时水泥浆抹得太高，未冲刷干净，要避免黑边必须两面连续施工。阳角无尖棱的原因是压得不实或喷头喷水时角度不对，正确的做法是喷雾器喷刷前，待面层水泥石子浆收水后用钢抹子溜一遍，将小孔洞分层压实挤严压平，把露出的石子尖棱轻轻拍平，在转角处多压几遍，并先用刷子蘸水刷一遍，把阳角面层的灰浆从阳角部位往外刷掉，检查石子是否饱满均匀、压实。如果压得不实再压、再刷，如此反复应不少于三次，然后用喷头由上至下顺序喷刷，并掌握好斜角喷刷的角度。阳角不平直的原因是，抹罩面水泥石浆时，操作人员往往把靠尺对正前一天抹完的阳角，这样用抹子一压，原灰浆中的空隙被石子挤严，面层产生收缩，水泥浆被冲洗后就比前一节饰面略低一些，所以后做的阳角就比先做的阳角低一些，而出现了阳角不平直。因此，要严格按控制线操作，贴靠尺时要比前一天已完的阳角略高一些，经过抹压、冲洗等过程后做的阳角就可以与上面的阳角对正。

阴角部位的水刷石容易出现不直、石子脱落、靠近阴角1～2cm处石子稀、颜色发浑、不干净等现象，这些问题往往互相关联，最好在阴角交接处分两次完成水刷石操作，先做一个平面，然后做另一个平面，在靠近阴角底子上留出罩面水泥石浆的厚度，弹上下或左右的准线作为抹灰依据，然后在已抹完的平面上，靠近且角处弹另一条准线作为抹另一平面的依据，这样分两次操作可以解决阴角不直的问题，正确掌握喷水角度和时间也可防止石子脱落、石子稀疏等现象。但最好的方法是在阴角处加一道分格条，既能保证顺直，又方便操作。

墙面水刷石经常发生空鼓、发花、石子脱落、石子不均匀现象。空鼓的原因一是结合层已经干燥，二是水泥浆未刮严。石子不均匀的原因是底子灰湿度小、罩面时干得快、压不均匀或压得不好、配合比不正确、冲刷过轻或过度等。

彩色水刷石容易在块与块之间、上下层之间发生颜色不一致，解决的方法主要是罩面石子浆按试样统一配料、严格石子级配，各种颜色石子要分色分类堆放，设专人负责。

墙面污染不清晰，主要是喷刷时间掌握的不正确；解决块与块之间互相污染，除严格掌握喷刷石子浆的火候外，要在已喷刷过的墙面临近处用水泥袋纸或胶带纸进行遮挡，喷刷完后揭去纸带再用清水冲洗。

5.4.2 水磨石

1. 一般应先完成吊顶龙骨、墙面粉刷，再做水磨石地面，水磨石地面及石料见图5-15、图5-16。

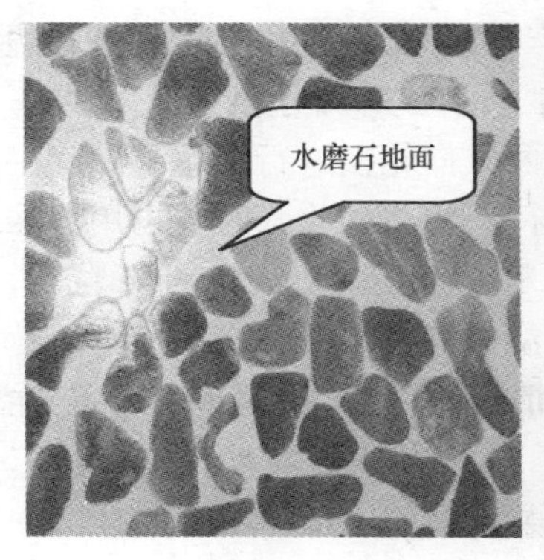

图 5-15　水磨石地面

图 5-16　石料

2. 待找平层的抗压强度达到 1.2MPa 时，根据设计分隔尺寸（800mm×800mm），在房间中部弹十字线，周边先弹出 100mm 宽的镶边宽度，以十字线为准可弹出分格线。

3. 镶分隔条：应用靠尺比齐用小铁抹子抹稠水泥浆将分格条固定住（分格条安在分格线上），抹成 30 度八字形，高度应低于分格条条顶 4～6mm，分格条应平直（上口必须一致）、牢固、接头严密，不得有缝隙，作为铺设面层的标志，另外在粘贴分格条时，在分格条十字交叉接头处，为使拌和物填塞饱满，在距交点 40～50mm 内不抹水泥浆。

4. 拌合物要求配合比准确，染料掺加比例精确，一般体积比宜采用 1∶1.5～1∶2.5（水泥∶石粒），拌合均匀。

5. 水磨石拌合料的面层厚度，一般设计为 10mm 厚，铺设时将搅拌均匀的拌合料先铺抹分格条边，后铺分格条方框中间，用铁抹子由中间向边角推进（不得用刮杠刮平），在分格条两边及交角处特别注意压实抹光，随抹随用直尺进行平整度检查。

6. 用滚筒滚压前，先用铁抹子或木抹子在分格条两边宽约 100mm 宽范围内轻轻拍实（避免将分格条挤移位）。滚压时用力要均匀，应从横竖两方向轮换进行，达到表面平整密实，出浆石粒均匀为止。待石粒浆稍收水时，再用铁抹子将浆抹平、压实。如发现石粒不均匀之处，应补石粒浆，再用铁抹子拍平、压实 24h 后浇水养护。

7. 试磨：一般根据气温情况确定养护时间，温度在 20～30℃时，2～3d 即可初磨，过早开磨石粒易松动，过迟造成磨光困难，所以需进行试磨，以面层不掉石粒为准。

8. 粗磨：第一遍用 60～90 号粗金刚石磨，使磨石机机头在地面走横"8"形，边磨边加水，随时清扫水泥浆，并用靠尺检查平整度，直至表面磨平、磨匀，分格条和石粒全部露出，用清水洗凉干，然后用较浓的水泥浆擦一便，（同样也是先擦黑色，后擦浅色）。浇水养护 2～3d。

9. 细抹：第二遍用 90～120 号金刚石磨，要求磨至表面光滑为止。然后用清水冲洗干净，满擦第二遍水泥浆，注意小孔隙要细致擦严密，然后养护 2～3d。

10. 磨光：第三遍用 200～240 号细金刚石磨。磨至表面石子显露均匀、无缺石粒现象。表面平整光滑、无孔隙。用水冲洗后，涂抹草酸溶液（热水：草酸＝1：0.35 重量比，溶液冷却后用）。第四遍用 240～300 号油石磨，研磨至出白浆、表面光滑为止，用水冲洗晾干。

11. 打腊上光：将蜡包在薄布里，在面层上薄薄涂一层，待干后用钉有帆布或席布的木块代替油石装在磨石机上研磨，用同样的方法再打第二遍蜡，直到光滑洁亮为止。

由于现制水磨石工作量大、施工周期长，所以在本工程将其作为一个特殊工序加以控制。

5.4.3 斩假石

1. 基层处理

首先将凸出墙面的混凝土或砖剔平，对大钢模施工的混凝土墙面应凿毛，并用钢丝刷满刷一遍，再浇水湿润。如果基层混凝土表面很光滑，亦可采取如下的“毛化处理”办法，即先将表面尘土、污垢清扫干净，用10%的火碱水将板面的油污刷掉，随即用净水将碱液冲净、晾干。然后用1∶1水泥细砂浆内掺用水量20%的107胶，喷或用笤帚半砂浆甩到墙上，其甩点要均匀，终凝后浇水养护，直至水泥砂浆疙瘩全部粘到混凝土光面上，并有较高的强度（用手掰不动）为止。

2. 吊垂直、套方、找规矩、贴灰饼

根据设计图纸的要求，把设计需要做斩假石的墙面、柱面中心线和四周大角及门窗口角，用线坠吊垂直线，贴灰饼找直。横线则以楼层为水平基线或+50cm标高线交圈控制。每层打底时则以此灰饼作为基准点进行冲筋、套方、找规矩、贴灰饼，以便控制底层灰，做到横平竖直。同时要注意找好突出檐口、腰线、窗台、雨篷及台阶等饰面的流水坡度。

3. 抹底层砂浆

结构面提前浇水湿润，先刷一道掺用水量10%的107胶的水泥素浆，紧跟着按事先冲好的筋分层分遍抹1∶3水泥砂浆，第一遍厚度宜为5mm，抹后用笤帚扫毛；待第一遍六至七成干时，即可抹第二遍，厚度约6～8mm，并与筋抹平，用抹子压实，刮杠找平、搓毛，墙面阴阳角要垂直方正。终凝后浇水养护。台阶底层要根据踏步的宽和高垫好靠尺抹水泥砂浆，抹平压实，每步的宽和高要符合图纸的要求。台阶面向外坡1%。

4. 抹面层石渣

根据设计图纸的要求在底子灰上弹好分格线，当设计无要求时，也要适当分格。首先将墙、柱、台阶等底子灰浇水湿润，然后用素水泥膏把分格米厘条贴好。待分格条有一定强度后，便可抹面层石渣，先抹一层素水泥浆随即抹面层，面层用1：1.25（体积比）水泥石渣浆，厚度为10mm左右。然后用铁抹子横竖反复压几遍直至赶平压实，边角无空隙。随即用软毛刷蘸水把表面水泥浆刷掉，使露出的石渣均匀一致。面层抹完后约隔24h浇水养护。

5. 剁石

抹好后，常温（15～30℃）约隔2～3d可开始试剁，在气温较低时（5～15℃）抹好后约隔4～5d可开始试剁，如经试剁石子不胶落便可正式剁。为了保证楞角完整无缺，使斩假石有真石感，可在墙胆、柱子等边楞处，宜横剁出边条或留出15～20mm的边条不剁。为保证剁纹垂直和平行，可在分格内划垂直控制线，或在台阶上划平行垂直线，控制剁纹，保持与边线平行。剁石时用力要一致，垂直于大面，顺着一个方向剁，以保持剁纹均匀。一般剁石的深度以石渣剁掉三分之一比较适宜，使剁成的假石成品美观大方。

5.4.4 干粘石

先在已经硬化的厚为12mm的1：3水泥砂浆底层上浇水湿润，再抹上一层厚为6mm的1：2～2.5的水泥砂浆中层，随即紧跟抹厚为2mm的1：0.5水泥石灰膏浆粘结层，同时将配有不同颜色的（或同色的）小八厘石碴略掺石屑后甩粘拍平压实在粘结层上。拍平压实石子时，不得把灰浆拍出，以免影响美观，待有一定强度后洒水养护。有时可用喷枪将石子均匀有力地喷射于粘结层上，用铁抹子轻轻压一遍，使表面搓平。如在粘接砂浆中掺入108胶或其他聚合物胶乳，则可使粘结层砂浆抹的更薄，石子粘得更牢。

5.4.5 拉毛灰和洒毛灰

拉毛灰是将底层用水湿透，抹上1∶(0.05～0.3)∶(0.5～1)水泥石灰罩面砂浆，随即用硬棕刷或铁抹子进行拉毛（图5-17）。棕刷拉毛时，用刷蘸砂浆往墙上连续垂直拍拉，拉出毛头。铁抹子拉毛时，则不蘸砂浆，只用抹子粘结在墙面随即抽回，要做到拉的快慢一致、均匀整齐、色泽一致、不露底，在一个平面上要一次成活，避免中断留槎。

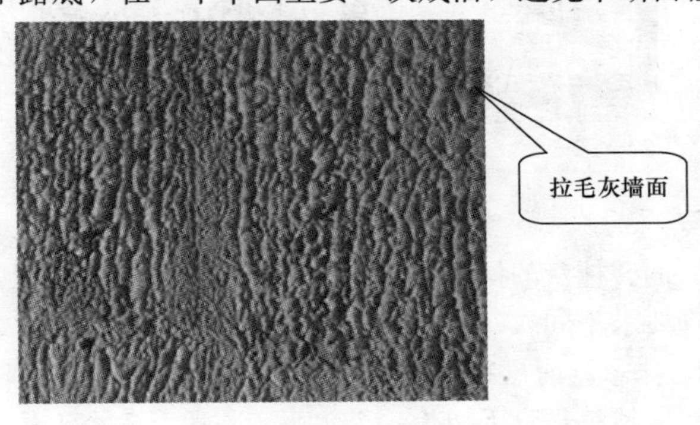

图5-17　拉毛灰

洒毛灰（又称撒云片）是用茅草小帚蘸1∶1水泥砂浆或1∶1∶4水泥石灰砂浆，由上往下洒在湿润的底层上，洒出的云朵须错乱多变、大小相称、空隙均匀，形成大小不一而有规律的毛面。亦可在未干的底层上刷上颜色，再不均匀地洒上罩面灰，并用抹子轻轻压平，使其部分地露出带色的底子灰，使洒出的云朵具有浮动感。

5.4.6 假面砖

假面砖如图 5-18 所示。

图 5-18

假面砖抹灰的操作方法基本与一般抹灰相同，只是面砖的处理要求不同。

1. 抹彩色面层砂浆。抹面层砂浆前，对中灰层洒水湿润，然后技每步脚手架为一个水平工作段，一个工作段内弹上、中、下三条水平墨线，以便控制面层划沟平直度，之后，再抹 3～4mm 厚的彩色水泥砂浆。

2. 面层砂浆作假面砖拉条。砂浆收水后，用铁梳子沿着靠尺板由下向上划纹，深度不大于 mm。再根据面砖尺寸划线。依照线条用铁勾子沿木靠尺划出砖缝沟，深度以露出中灰面为准。

3. 清理，勾划好砖缝后，用油膝刷扫去浮砂。

5.4.7 喷涂饰面

喷涂饰面是用喷枪（图 5-19）将聚合物砂浆均匀喷涂在底层上，此种砂浆由于掺入聚合物乳液因而具有良好的和易性及抗冻性，能提高装饰面层的表面强度与粘结强度（图 5-20）。通过调整砂浆的稠度和喷射压力的大小，可喷成砂浆饱满、波纹起伏的“波面”，或表面不出浆而满布细碎颗粒的“粒状”，亦可在表面涂层上再喷以不同色调的砂浆点，形成“花点套色”。

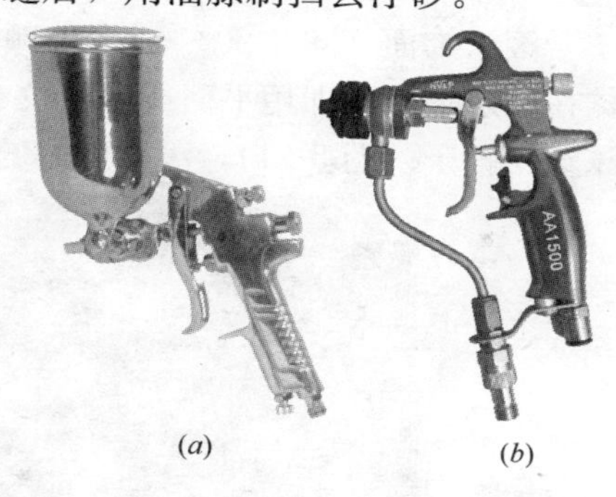

(*a*) (*b*)

图 5-19 喷枪

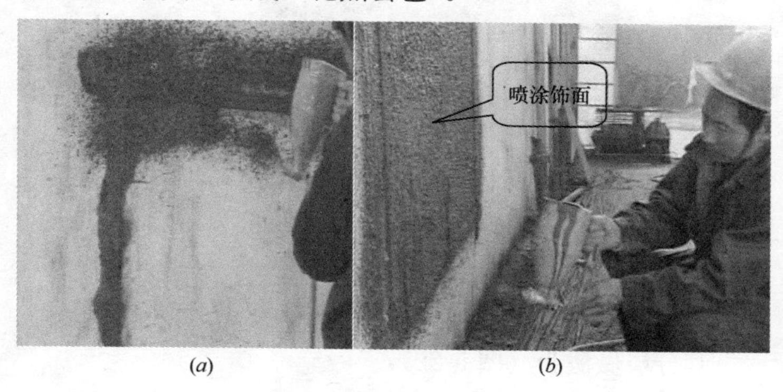

(*a*) (*b*)

图 5-20 喷涂饰面

5.4.8 滚涂饰面

滚涂饰面（图 5-20）是将带颜色的聚合物砂浆均匀涂抹在底层上，随即用平面或带有拉毛、刻有花纹的橡胶或泡沫塑料辊子（图 5-21），滚出所需的图案和花纹。

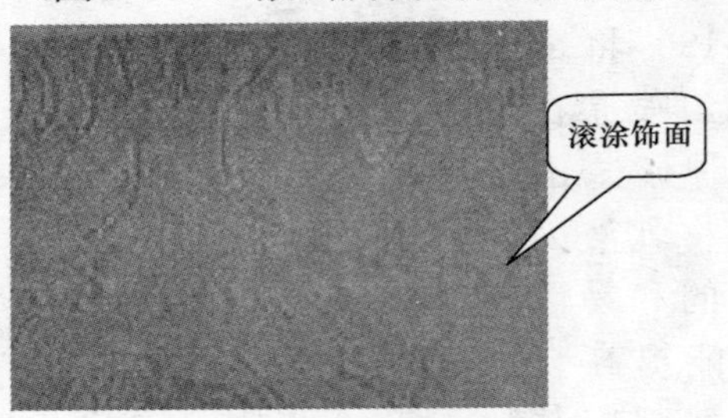

图 5-21 滚涂饰面

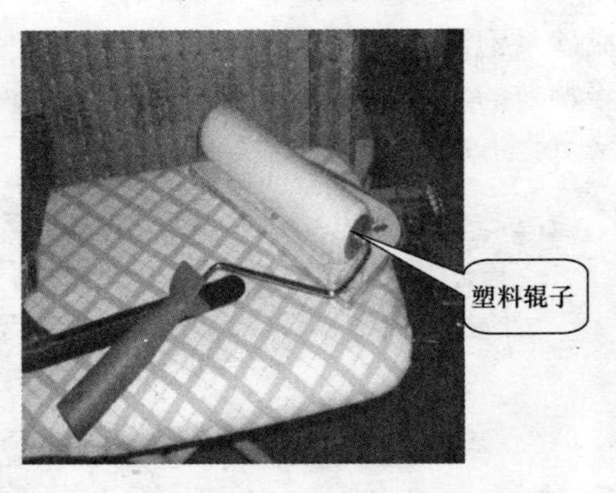

图 5-22 塑料辊子

其分层做法为（图 5-22）：

1. 底涂层：10～13mm 厚水泥砂浆打底，木抹搓平；
2. 中涂层：粘贴分格条（施工前在分格处先刮一层聚

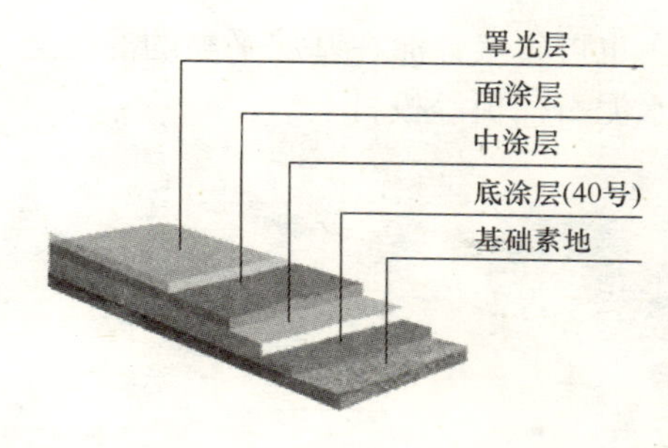

图 5-23　分层做法

合物水泥浆，滚涂前将涂有聚合物胶水溶液的电工胶布贴上，等饰面砂浆收水后揭下胶布）；

3. 面涂层：3mm 厚色浆罩面，随抹随用辊子滚出各种花纹；

4. 罩光面：待面层干燥后，喷涂有机硅水溶液。

5.4.9　弹涂饰面

彩色弹涂饰面（图 5-24）是用电动弹力器（图 5-25）将水泥色浆弹到墙面上，形成 1～3mm 左右的圆状色点。由于色浆一般由 2～3 种颜色组成，不同色点在墙面上相互交错、相互衬托，犹如水刷石、干粘石，亦可做成单色光面、细麻面、小拉毛拍平等多种形式。这种工艺可在墙面上

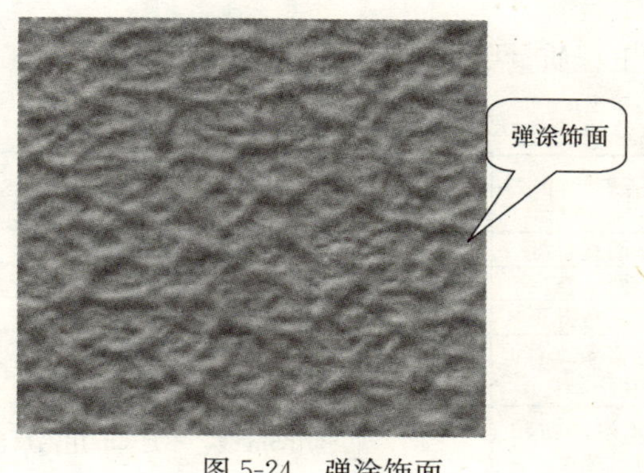

图 5-24　弹涂饰面

做底灰，再作弹涂饰面，也可直接弹涂在基层平整的混凝土板、加气板、石膏板、水泥石棉板等板材上。

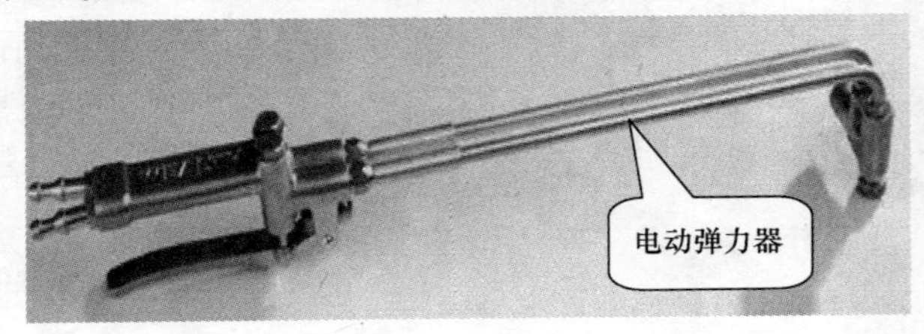

图 5-25　电动弹力器

其施工流程为：

1. 基层找平修正或做砂浆底灰；

2. 调配色浆刷底色；

3. 弹力器做头道色点→弹力器做二道色点→弹力器局部找均匀；

4. 树脂罩面防护层。

5.5　抹灰工程质量要求及验收标准

抹灰工程质量要求及验收标准见表 5-1。

一般抹灰的允许偏差和检验方法　　表 5-1

序号	项　　目	允许偏差(mm)	检验方法
1	立面垂直度	4	用 2m 垂直检测尺检查
2	表面平整度	4	同 2m 靠尺和塞尺检查
3	阴阳角方正	4	用直角检测尺检查
4	分格条（缝）直线度	4	用 5m 线，不足 5m 用钢尺检查
5	墙裙、勒角上口直线度	4	用 5m 线，不足 5m 用钢尺检查

6　安 全 施 工

6.1　施工现场安全

6.1.1　个人劳动保护

劳动防护用品（又称“个人防护用品”）是指劳动者在生产过程中为免遭或减轻事故伤害或职业危害的所配备的一种防护性装备。

1. 头部防护：塑料安全帽（图 6-1）

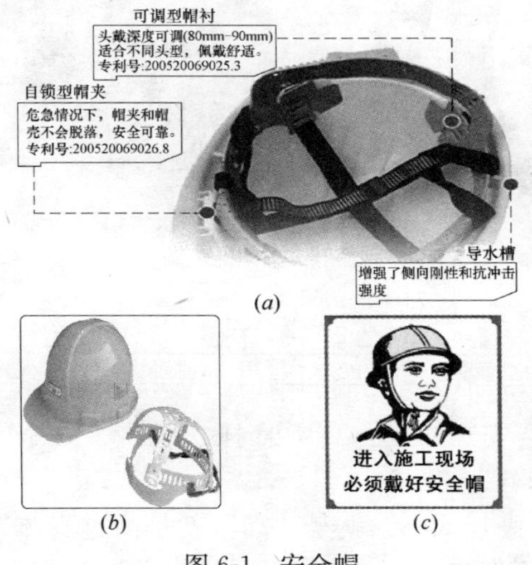

(*a*)

(*b*)　(*c*)

图 6-1　安全帽

2. 手部防护：帆布手套，防割手套（图 6-2）

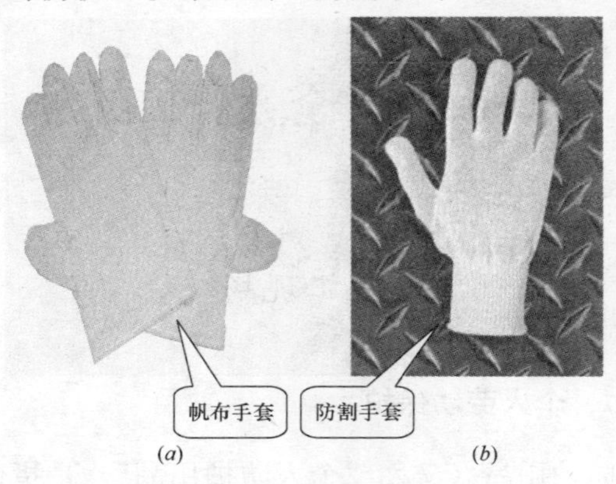

图 6-2　手套

3. 脚部防护：绝缘靴，防砸皮鞋（图 6-3）

图 6-3　鞋子

4. 身躯防护：工作服，雨衣

5. 高空安全防护：高空悬挂安全带、安全绳、踩板、密目网（图 6-5～图 6-9）

所谓“高挂低用”就是“高”就是高过身体来挂挂钩，“低”就是工作时身体在挂钩以下（图 6-6）。

(a)

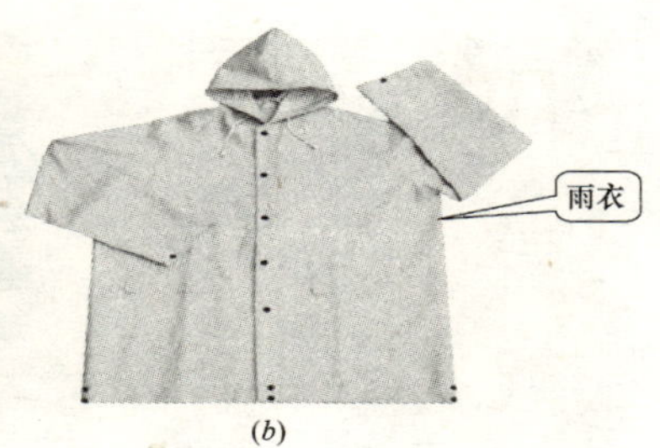

(b)

图 6-4　衣服

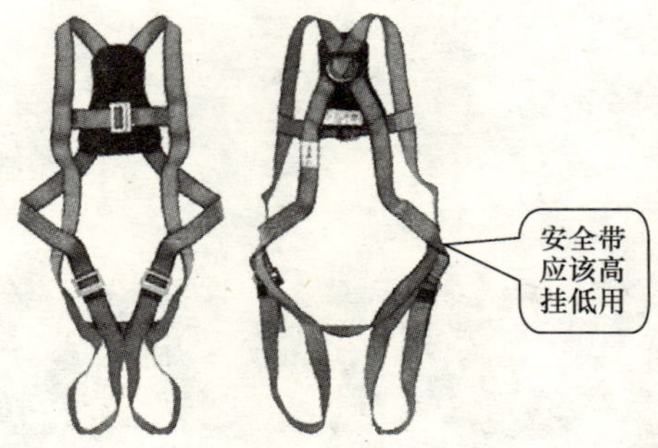

图 6-5　安全带

图 6-6　安全带的用法

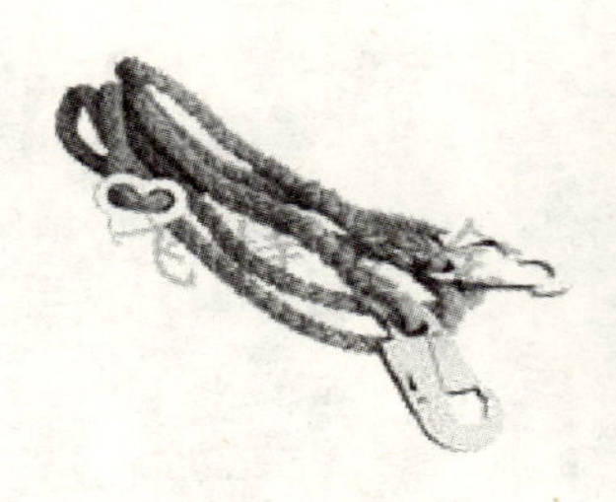

图 6-7　安全绳

图 6-8　踩板

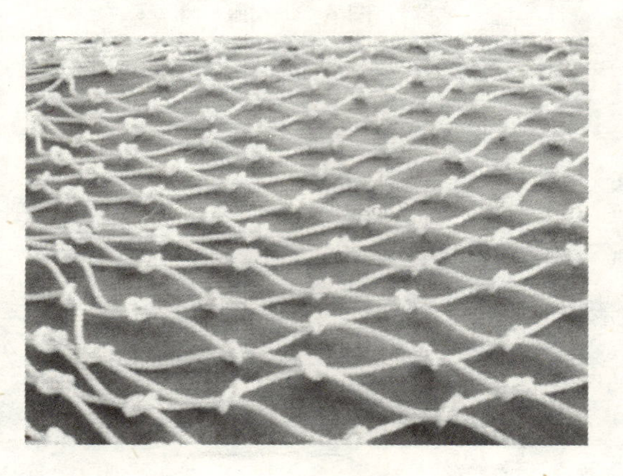

图 6-9　密目网

防护用品应严格保证质量，安全可靠，而且穿戴要舒适方便，经济耐用。

6.1.2　高空作业安全

1. 高处抹灰时，脚手架、吊篮、工作台应稳定可靠，有护栏设备，应符合国家现行行业标准《建筑施工高处作业安全技术规范》JGJ 80—91 的有关规定。

2. 垂直输送管道使用前应检查是否固定牢固，防止管道滑脱伤人。

3. 从事高处作业的人员必须经过体格检查，符合高出安全作业要求。

4. 从事高处作业的人员必须进行安全培训，合格后方可上岗操作。

5. 遇雷电暴雨和六级以上大风，影响安全施工时应立即停止作业。

6. 高出作业使用的工具，必须有防止坠落伤人的安全措施。

6.1.3 脚手架使用安全

1. 注意材质，不得钢竹混搭，高层脚手架应经专门设计计算。

2. 立杆底部回填土坚实平整。

3. 按规定设置拉撑点，剪刀撑用钢管，接头搭接不小于40cm。

4. 每隔四步要铺隔离笆，伸足墙面，二步架起及以上外侧设挡脚笆或安全挂网。

5. 要设登高对环扶梯，设在外侧配防护栏杆。转弯平台须设水平栏杆。

6. 高层脚手外侧，从第二步架至第五步间应全部设防护栏杆和档脚笆，五部架以上设栏杆外，应设安全网和安全笆，脚手架四角均设接地保护和防雷装置。

6.2 机械使用安全

6.2.1 砂浆搅拌机安全使用

1. 每次作业前，检查搅拌机的传动部分、工作装置、防护装置等均应牢固可靠，操作灵活。

2. 检查搅拌传动离合器和制动器是否灵活可靠，钢丝绳有无损坏，轨道滑轮是否良好，周围有无障碍及各部位的润滑情况等。

3. 每次起动后，先经空运转，检查搅拌叶旋转方向正确，方可加料加水进行搅拌作业。

4. 作业中要注意，不得用手和木棒等伸进搅拌筒内或筒口清理灰浆。

5. 如果在作业中突然发生故障不能运转，应立即切断电源，将筒内灰浆倒出，进行检修排除故障。

6. 搅拌机开机后，经常注意搅拌机各部件的运转是否正常。停机时，经常检查搅拌机叶片是否打弯，螺丝有否打落或松动。

7. 每次作业后，应做好搅拌机内外的清洗，保养及场地清洁工作。切断电源，锁好箱门。

8. 当搅拌机混凝土搅拌完毕或预计停歇 1h 以上，除将余料出净外，应用石子和清水倒入抖筒内，开机转动，把粘在料筒上的砂浆冲洗干净后全部卸出。料筒内不得有积水，以免料筒和叶片生锈。同时还应清理搅拌机搅拌筒外积灰，使机械保持清洁完好。

6.2.2 空气压缩机安全使用

1. 空压机必须单独设置保护地线，并与机体相连，确保机器与大地良好连接。

2. 开机前必须先核实该设备的电压等级（220V），确定无误后方可通电运行。

3. 通电后，关闭空压机背面左下方放水阀，打开左上方压缩气体出口阀。

4. 将电源开关推至“ON”，电源指示灯亮，空压机开始工作。气罐压力表读数不断增大，沿顺时针方向调节减压阀，把输出压力设定到要求值。

5. 当气罐压力达到设定值后，空压机主机将停止运转，待气罐压力小于设定值时，主机将自行启动，恢复工作。

6. 空压机、缸体、缸盖均有较高温度，操作者不得靠近或触摸，以免烫伤。空压机排出压缩气流有较高压力，应防止高压气流损伤。

7. 严禁在空压机工作时，带压、带电拆卸、紧固、维修空压机零部件，如发生意外断电，应首先将罐内压缩空气排放干净后再给机器送电。

6.2.3 手持电动工具安全使用

由于此类工具又常常在人手紧握中使用，触电的危险性更大，故在管理、使用、检查、维护上应给予特别重视。《手持式电动工具的管理、使用检查和维修安全技术规程》GB 3787—93 中，将手持电动工具按触电保护措施的不同分为三类：

Ⅰ类工具：靠基本绝缘外加保护接零（地）来防止触电；

Ⅱ类工具：采用双重绝缘或加强绝缘来防止触电；

Ⅲ类工具：采用安全特低电压供电且在工具内部不会产生比安全特低电压高的电压来防止触电。

1. 手持式电动工具必须有专人管理、定期检修和健全的管理制度。

2. 每次使用前都要进行外观检查和电气检查。

外观检查包括：

(1) 外壳、手柄有无裂缝和破损，紧固件是否齐全有效；

(2) 软电缆或软电线是否完好无损，保护接零（地）是否正确、牢固，插头是否完好无损；

(3) 开关动作是否正常、灵活、完好；

(4) 电气保护装置和机械保护装置是否完好；

(5) 工具转动部分是否灵活无障碍，卡头牢固。

电气检查包括：

(1) 通电后反应正常，开关控制有效；

(2) 通电后外壳经试电笔检查应不漏电；

(3) 信号指示正确，自动控制作用正常；

(4) 对于旋转工具，通电后观察电刷火花和声音应正常。

3. 手持电动工具在使用场所应加装单独的电源开关和保护装置。其电源线必须采用铜芯多股橡套软电缆或聚氯乙烯护套电缆；电缆应避开热源，且不能拖拉在地。

4. 电源开关或插销应完好，严禁将导线芯直接插入插座或挂钩在开关上。特别要防止将火线与零线对调。

5. 操作手电钻或电锤等旋转工具，不得戴线手套，更不可用手握持工具的转动部分或电线，使用过程中要防止电线被转动部分绞缠。

6. 手持式电动工具使用完毕，必须在电源侧将电源断开。

7. 在高空使用手持式电动工具时，下面应设专人扶梯，且在发生电击时可迅速切断电源。

参 考 文 献

[1] 陆淑华. 土木建筑制图. 北京：高等教育出版社

[2] 杨澄宇，周和荣. 建筑施工技术与机械. 北京：高等教育出版社

[3] 侯君伟. 抹灰工手册. 北京：中国建筑工业出版社

[4] 李国年，陈雁，王福华. 抹灰工长便携手册. 北京：机械工业出版社